从不同纬度看到的月亮

Peter D. Geldart
RASC 会员

Google 谷歌翻译译自英文

从不同纬度看到的月亮,
Peter D. Geldart
RASC 会员
geldartp@gmail.com

Google 谷歌翻译译自英文

约4100字。（英文）
42页
4英寸 x 6英寸

封面：
十二月傍晚，一轮凸月从湖面缓缓升起（请注意远处的冰层）。从北纬45.4693度、西经75.8106度向东南望去。作者约1990年拍摄的照片。

Petra Books
MBO Coworking
78 George St., Suite 204
Ottawa ON K1N 5W1
613-294-2205

部分内容曾发表于2025年4月的《英国天文学会期刊》。
British Astronomical Association Journal, April 2025.

内容

引言

方法论

坐标系

地球自转

地球倾斜

热带地区

阴历月

从中低纬度地区看到的月球

从高纬度地区看到的月球

绕极地

结论

摘要

月球在地平线以上的高度取决于您所在的纬度以及月球轨道与地球赤道平面的夹角（即赤纬）。本文给出了最大高度的计算公式。作为热带地区的生物，月球只能在南北纬度最多28.5°的范围内看到天顶。作者提供了夏季和冬季从不同纬度观测到的月球高度图，并讨论了上行和下行凌日现象。

Geldart

介绍

本文旨在强调从不同纬度观测时影响月球视路径和高度的因素。无论身处地球夜晚的哪个纬度，看到的都是同一轮月亮，且处于同一相位。白天也能看到月亮，例如，当太阳从东方升起时，西方天空会出现一轮黯淡的月亮；或者，当太阳从西方落下时，东方升起一轮满月。

以下图表显示了从三个中低纬度地区（0°（赤道）、22°和45°）以及三个高纬度地区（70°、80°和90°（极点））观测到的月球高度曲线。具体来说，这些纬度上有人居住的地方包括里约热内卢和新加坡（0°）、香港和圣保罗（22°N和S）、威尼斯和皇后镇（45°N和S）、因努维克和摩尔曼斯克（70°N）以及阿勒特（80°N）；极地上唯一有人居住的地方是阿蒙森斯科特南极站（90°S）。

由于地球自转向东，我们看到月亮从东方升起，凌日（朝向赤道），在西方落下。.

笔记 1 与太阳、行星和恒星一样，月球向西的运动是虚幻的：是观察者被地球自转带向东。由于月球自身实际的轨道向东，它向西的视运动速度比背景恒星略小。2

我使用了美国宇航局喷气推进实验室地平线望远镜（JPL Horizons）3 的数据，经度为格林威治（0°），世界时 （UT），样本年份为2030年。.

---

1 凌日是指天体似乎穿过观察者的子午线（一条假想线，从一极延伸至另一极，穿过观察者头顶上方的天顶）。"升起、凌日、落下"（RTS）是人为设定的术语，用于描述地球自转的影响。观看 Aryeh Nirenberg 的延时摄影作品，网址：https://youtu.be/1zJ9FnQXmJI

2 **月球**东向轨道"**平均速度**为每小时3681公里……**相当于天球平均角速度约为每小时33角分……（巧合的是）**其视直径。"——《月球，我们最近的天体邻居》。兹德涅克·科帕尔著，第6页，查普曼和霍尔出版社，伦敦，1960年。The Moon, Our Nearest Celestial Neighbour. Zdeněk Kopal, p6, Chapman and Hall, London, 1960.

3 NASA JPL Horizons **数据服务**，网址：https://ssd.jpl.nasa.gov/horizons/
其他值得关注的网站包括
- **美国海军天文台数据服务**，网址：https://aa.usno.navy.mil
- **时间和日期**，网址：https://www.timeanddate.com/moon/

方法论

我开始这项研究是因为对地球表面某一点向东旋转的速度会随着纬度的升高而减弱这一现象感到好奇，而天球似乎向西移动得更慢，直到从极地观察，恒星都位于拱极点。月球的轨道是顺行的，相对于背景恒星，它似乎每天向东移动13.2°。4. 我的假设是，随着纬度的增加，月球向西的视运动应该会减弱，而在极地附近和极地，它应该在其真实轨道上向东移动。

在JPL Horizons 上详细检查月球星历表（赤经、方位角、当地视角时、天空运动）5）我找不到一个随着观察者纬度升高而下降的因素。

然而，在高纬度地区，月亮确实会在地平线以上停留数天，这肯定与较短的周长和较低的自转速度有关。我还发现，在样本年份（2030年）中，有几个日期的月亮在90°时

---

4 https://public.nrao.edu/ask/variability-of-the-moons-apparent-motion-through-the-sky/

5 JPL Horizons settings: R.A._(a-app), dRA*cosD, Azi_(a-app), dAZ*cosE, L_Ap_Hour_Ang, Sky_motion, Sky_mot_PA, and RelVel-ANG.

从西方升起，在东方落下。但升起和落下的
方位角数字似乎有很多是随机的。

Sunmooncalc 星历表的开发者 Jeff
C. 也向我介绍了公式（1），以及对
Duffett-Smith 和 Meeus 的引用，
他建议：

"……相对贡献 6 不随纬度变化。 在两极，
线速度为零，方向基本无意义。……在极端纬
度地区，升起和落下主要由赤纬的变化决定，
因此方位角似乎有些随机。……变化率取决于
赤纬和纬度，而且没有像计算最大高度那样简
单的公式。

- Jeff C. 电子邮件通信，2025年

---

6 一个恒星日是23小时56分4秒……因此地球的角速度为 ωE =
360°/23.934444小时= 15.041085°/小时。月球在一个恒
星月内完成一次公转，因此其轨道角速度为 ωM = 360°
/27.321661天= 0.54901494°/小时。由于月球轨道是顺行
的，因此月球相对于地球观测者的角速度为 ωE - ωM =
15.041085°/小时 - 0.54901494°/小时= 14.49207°/小
时。因此，96.3%的运动是由地球自转引起的。—— Jeff
C.，电子邮件通讯，2025年。

关于从不同纬度看到的月球视运动，JPL Horizons 的 Jon G.

表示：“方位角和仰角是地球自转带来的局部坐标，基于当地的天顶方向及其垂直平面。”…将月球（301）设置为目标，请求输出数量 #2（赤经和赤纬）、#3（赤经和赤纬速率）、#4（方位角-纬向角）、#5（方位角-纬向角速率）和/或 #47（天空运动）。

- Jon G.，电子邮件通信，2025 年。

我无法证明，随着纬度的升高，月球的真实轨道会逐渐显现。或许，在这些高纬度地区进行实际观测，而不是依赖计算数据表，就能找到答案。

　　本文的其余部分，我们直接使用 JPL Horizons 数据在 Microsoft Excel 中绘制图表，展示从六个样本纬度观测到的冬季和夏季月球的视高度。

坐标系

像古人一样，我们可以想象一个穹顶，上面布满了点点光点。地球的经线和纬线投射在上面。

坐标系有助于理解地月关系。达菲特－史密斯：

要确定任何天文物体的位置，我们必须有一个参考系，或者说坐标系，它会为天空中的每个点分配一对不同的数字。这两个数字，或者说坐标，通常指的是"圆周距离"和"高程"，就像地球表面物体的经度和纬度一样。有……地平系、赤道系、黄道系和银河系。7

一条从一极到另一极，穿过正上方天顶的经线，就是观测者的子午线。地球自转时，天体似乎会从东向西穿过观测者的子午线，此时它将处于最高海拔。这被称为子午线的上行。12小时后，随着地球自转并将观测者移

7 实用天文学计算器。Peter Duffett-Smith著。剑桥大学出版社，第二版，1981年。
Practical Astronomy with your Calculator. Peter Duffett-Smith. Cambridge University Press, 2nd ed. 1981.

到"另一侧",它似乎会在子午线的下行时再次穿过子午线,此时很可能位于你的地平线以下,除非在高纬度地区,朝向极点看去,你会看到它是拱极星,停留在你的地平线以上。

可以推导出月球高度的公式。月球的最大高度 hmax 是根据其赤纬（δ）和观测者的纬度（ϕ）计算得出的,公式如下：8

$$hmax = 90° - |\delta - \phi| \quad (公式\ 1)$$

请注意,从 JPL Horizons 获得的高度和赤纬数值是以地心为中心（观测者位于地球表面）的：

> "对于太阳系中的物体……视差是指地心观测（由地球表面的实际观察者进行）与假设的地心观测（由地球中心的观察者进行）之间的方向差异。"9

---

8 另请参阅 Krisciunas K. 等人,《宇宙距离阶梯的前三级》, Am. J. Phys., 80(5), 第 430 页 (2012). https://scispace.com/pdf/the-first-three-rungs-of-the-cosmological-distance-ladder-1zeg8nff9i.pdf

9 Meeus J.,《天文算法》,第 2 版,Willmann-Bell Inc., 弗吉尼亚州里士满,1988 年,第 14 页。412. Meeus J., *Astronomical Algorithms*, 2nd ed., Willmann-

Observer latitude on the Earth (deg)	Earth circumference (km)	Observer on the Earth's surface: linear speed of eastward rotation (km/hr) $2\pi R \times \cos(lat) /24\ hr$	Moon above the horizon when on the night side of Earth (hrs)
0° (equator)	40,000 km	1670 km/hr	12 hrs
22°	37,000	1550	6-12 hrs
45°	28,000	1200	6-12 hrs
70°	14,000	570	Various hrs and one 6-day period /month
80°	7,000	290	Various hrs and one 11-day period /month
90° (poles)	0	0	One 14-day period /month. (half a month)

表 1 地球自转东移导致的因子变化。

来源: https://www.vcalc.com/wiki/MichaelBartmess/Rotational-Speed-at-Latitude。

地球自转

由于地球自转东移，太阳、月亮、行星和整个天球似乎都自东向西移动。通常的经验是，与其他纬度地区相比，赤道地区的月亮和太阳升起和落下的速度更快，并且与地平线的垂直度也更高。此外，由于24小时内绕行的周长减少，地球表面观察者向东的速度会随着纬度的增加而减慢。随着纬度的增加，太阳和月亮升起/落下时与地平线成一定角度，因此需要更长的时间。在纬度超过70°时，月亮会在地平线上停留数天，因为在北半球，月亮位于南边（上凌日），而当观察者绕极点旋转时，月亮会继续停留在地平线上，在下凌日时，月亮会越过极点，位于北边。

表1中，三个高纬度地区第4列的多日周期必然与自转速度（第3列）的递减相关。回想一下，夏季高纬度地区太阳始终位于地平线以上（午夜太阳），因此月亮的可见度可能会减弱。

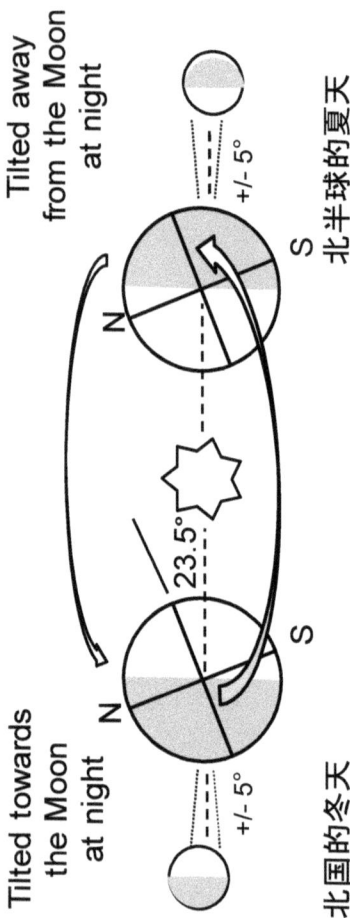

Diagram A. The Earth-Moon system's orbit around the Sun showing the northern hemisphere winter (L) and summer (R) Author's diagram, not to scale.

Tilted away from the Moon at night

Tilted towards the Moon at night

+/- 5°

+/- 5°

23.5°

N

S

N

S

北国的冬天

北半球的夏天

地球的倾斜

如图A所示，地球自转轴倾斜23.5°，因此在北半球冬季（L），北半球远离太阳。六个月后，北半球向太阳倾斜，形成北半球夏季（R）。10

如图所示，太阳和满月按照定义位于彼此相对的位置，因此，当北半球冬季（L）太阳赤纬最小时，满月赤纬必然最大，反之，北半球夏季（R）则相反。因此，冬季满月的最大高度比夏季更大。图中还显示了月球轨道偏离黄道约 5° 的变化倾角。

---

10 地球的轴倾角为23.5°，在整个轨道上保持不变，在大约26000年的时间里，随着地轴方向缓慢旋转（或称进动，类似陀螺旋转），仅变化几度。参见 https://space-geodesy.nasa.gov/multimedia/videos/EarthOrientationAnimations/EOAnimations.html

热带地区

由于地球的自转轴倾斜，赤道相对于其绕太阳运行的轨道（黄道）倾斜约 23.5°。太阳位于天顶（赤纬）的区域范围从北纬 23.5° 到南纬 23.5°。这被称为热带地区（源自希腊语 tropikós，意为"旋转"），其边界为北回归线（北纬 23.5°）和南回归线（南纬 23.5°）。

月球也有月球热带地区，但由于月球轨道相对于黄道倾斜 5°，它们会有所不同，这是由于岁差造成的。[11] 轨道范围从北纬18.5° 到南纬28.5°（最大值）：在北半球北纬 28.5° 以上，月亮会在午夜时分（穿过您所在子午线时）向南移动；在南半球纬度大于 28.5° 的地方，月亮会在午夜时分向北移动。只有当月亮的赤纬与观察者的纬度相等时，月亮才会位于观察者的天顶，这意味着这种情况只会发生在南北纬28.5°（最大值）以下。。

---

11 **月球**轨道以 **18.6 年**为一个周期进行进动（自转），在这个周期中，月球的轨道倾角为 **5°**，**地球**的倾角为 **23.5°**，**月**

月球轨道与地球赤道平面倾斜（根据定义，你的地平线与赤道平行），因此在一个农历月中，月球会在该平面的上方和下方移动。因此，月球与赤道的夹角（即赤纬）会随着月份的变化而变化。

Jean Meeus：

"月球轨道平面与黄道平面的夹角为5°。因此，在天空中，月球大致沿着黄道运行，在每次公转（27天）期间，它会达到其最大的北赤纬⋯⋯两周后，它会达到其最大的南赤纬。由于月球轨道与黄道的夹角为5°，而黄道与天赤道的夹角为23°，因此月球的极端赤纬大约在18°到28°之间（北或南）。" 12

球倾角会增加或减少，因此月球相对于地球赤道的倾角在南北纬度约 18.5° 和 28.5° 之间变化。

12 天文算法。第二版。Jean Meeus著。Willmann-Bell出版社，1998年。请注意，他对一些数字进行了四舍五入。
Astronomical Algorithms. 2nd ed. Jean Meeus. Willmann-Bell, 1998. *Note he has rounded off some figures.*

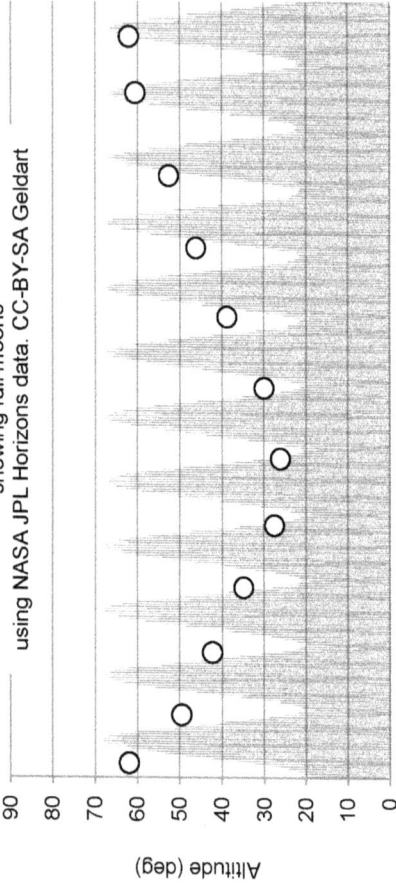

Diagram B. The Moon as seen from 45° N, 0°
showing full moons
using NASA JPL Horizons data. CC-BY-SA Geldart

2030年次历月份

Altitude (deg)

阴历月份

　　绘制从北纬45°、经度0°观测到的2030年全年月球高度图，可以看到恒星阴历月的阴影波动，约为29.5天，全年相似，没有季节性变化（图B）。月球轨道与我们的季节、月份、昼夜循环以及自身的月相无关。13, 以及太阳的至点和分点。满月（月亮位于太阳对面，或多或少位于地球正后方）在图中有所体现，由于地球在其轨道上基本固定的倾斜度，满月在夏季较低，在冬季较高（图A）。

---

13 月球本身在其整个轨道上始终朝向太阳的一面被完全照亮（除非它恰好经过地球的阴影内），只有在地球上，我们才能看到朝向我们的那一面在不同阶段逐渐被照亮。被照亮部分的凸面朝向太阳，而太阳在夜晚当然位于地平线以下。在白天，我们可能会看到一个苍白的月亮（尽管仍然位于地球的夜晚一侧），而太阳位于"穹顶"的另一侧。月相与其视路径和高度无关。它只是我们在地球上看到的照明的人工产物。

样本年份2030年大约处于月球轨道进动的中间位置，其轨道进动周期为18.6年，在此期间其高度变化5°。在2015年的小范围月球静止期间，阴影曲线会减小约5°，而在2043年的大范围月球静止期间，阴影曲线会增大约5°。当月球赤纬处于最小值（18.5°）和最大值（28.5°）时，被称为月球静止，因为月球会在几个晚上从地平线上的同一点升起。14这可以称为朔望月（比较至日，此时太阳位于北回归线 23.5° 北纬或南回归线23.5° 南纬）。

---

14 请参阅https://eprints.bournemouth.ac.uk/39590/

从低纬度到中纬度看到的月球

下面的图表 1 和图表 2 显示，在这些日期，满月的高度随着观察者纬度的增加而降低（0° 22° 45°），冬季的满月高度高于夏季。

在纬度低于 70° 的地方，月亮会升起、凌日、落下，12 小时后出现的低空凌日现象在地平线以下是看不见的。

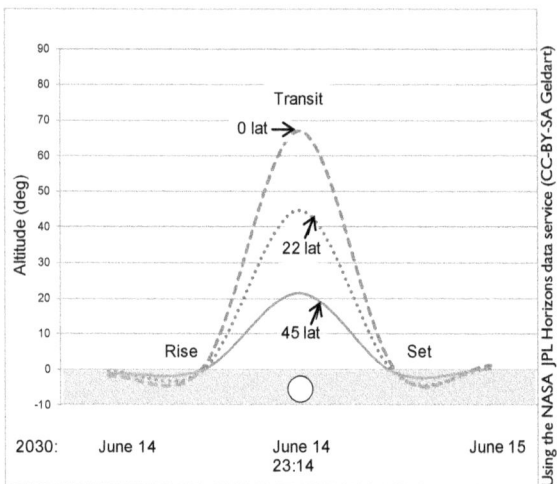

I. Full moon as seen from low latitudes in summer

请注意，满月将在 6 月 14 日午夜左右经过观察者的子午线（朝向赤道的方向，对于北半球来说大约是正南方向，对于南半球来说大约是正北方向），半个月后，新月（在我们这边没有被照亮）将在中午左右经过，但视野会被阳光遮挡（除非月亮恰好经过太阳前面，发生日食）。

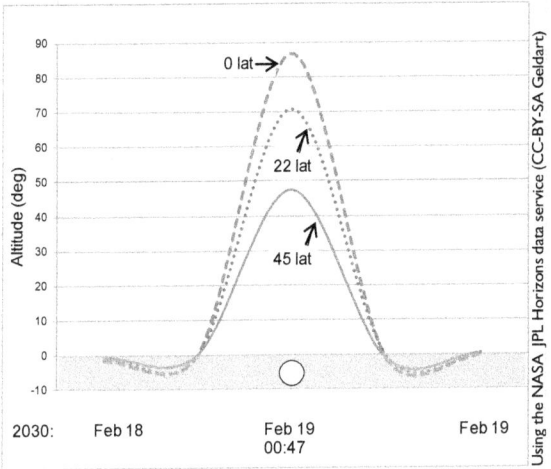

2. Full moon as seen from low latitudes in winter

图 2 显示，2030 年 2 月的月球高度曲线高于 6 月（图 1）。

3. Full moon as seen from low latitudes in winter

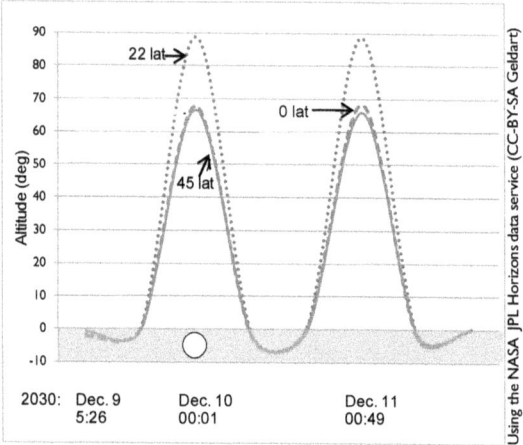

月亮不仅能在赤道天顶看到，而且也能在其他纬度看到，最大纬度可达北纬或南纬 28.5°。

在图 3 中，2030 年 12 月，满月在纬度 22° 处的位置高于在赤道（0°）处的位置，而 2 月份的情况并非如此，当时满月在纬度 0° 处的位置较高（图 2）. 从 0° 和 45° 看到的景色大致相同，但在北半球，从 0° 看月亮位于北边，从 45° 看月亮位于南边。

22

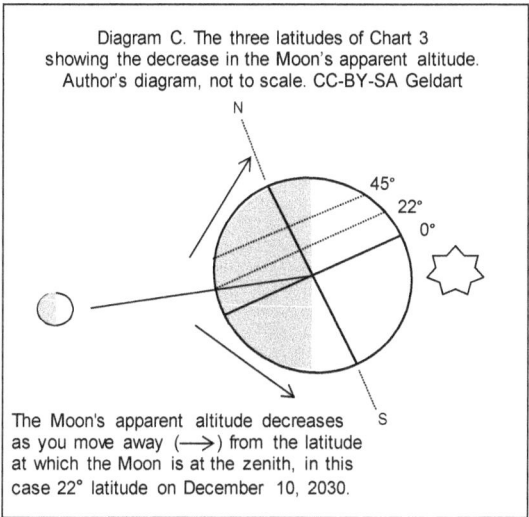

Diagram C. The three latitudes of Chart 3 showing the decrease in the Moon's apparent altitude. Author's diagram, not to scale. CC-BY-SA Geldart

The Moon's apparent altitude decreases as you move away (⟶) from the latitude at which the Moon is at the zenith, in this case 22° latitude on December 10, 2030.

为了支持图表 3，图 C 以图形方式显示，从北纬 22° 处看到的月球视高度比从 0° （赤道）处看到的月球视高度要高：它的最大高度接近天顶。

这可以用公式 1 来解释：

2030 年 12 月 10 日的满月（图 3）

0° 纬度：hmax = 90°	21°	0°	=69°	
22° 纬度：hmax = 90°	21°	22°	=89°	（天顶）
45° 纬度：hmax = 90°	21°	45°	=66°	

另一种解释是，在这一天，从赤道看，月亮位于正北；从北纬 22° 看，月亮位于正上方（大约位于天顶）；从北纬 45° 看，月亮位于正南。当观察者所在纬度（45°）大于月球赤纬（约21°）时，月行方向为南；当观察者所在纬度（0°）小于该纬度时，月行方向为北。由于从北纬22° 看月球位于天顶，因此在该纬度以北的所有观察者看到的月球都位于南边，而在该纬度以南的观察者看到的月球都位于北边。

从高纬度地区看到的月球

在下图 4（夏季）六月中旬的中心区域，可以清楚地看到，从纬度 70° 处几乎看不到地平线上的满月 15 并且从纬度 80° 和 90° 开始它就落下了。

---

15 对于靠近地平线的月亮，NASA JPL 地平线数据服务会考虑折射（光线穿过大气层时发生弯曲，导致天体看起来更高）。然而，如果月亮位于低空，则无法将当地地平线上的高地或云层遮挡。此外，观测者距地面的高度被假设为零，仿佛眺望广阔的水域或平坦的土地。

4. Moon as seen from high latitudes in summer.

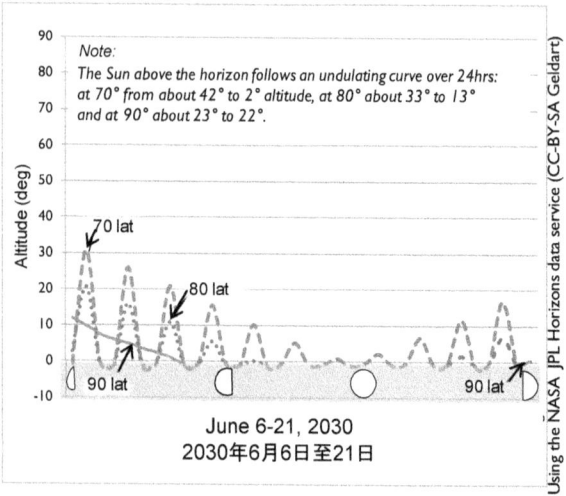

Note:
The Sun above the horizon follows an undulating curve over 24hrs:
at 70° from about 42° to 2° altitude, at 80° about 33° to 13°
and at 90° about 23° to 22°.

70 lat

80 lat

90 lat

90 lat

June 6-21, 2030
2030年6月6日至21日

　　夏季，在纬度约 70° 以上的地方，太阳开始长时间停留在地平线以上（午夜太阳），并且持续时间随着观察者纬度的增加而增加。

5. Moon as seen from high latitudes in winter.

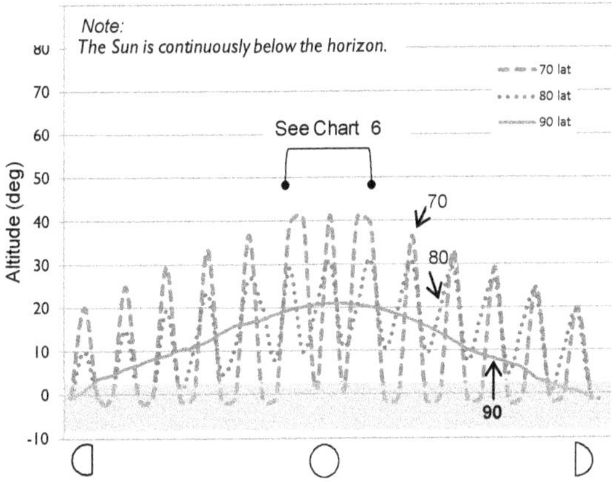

December 2-17, 2030
2030年12月2日至17日

　　图5中冬季的月球起伏曲线比图4中夏季的更高，这是由于地球自转轴基本固定（图A）。当月球到达最高点并穿过观察者子午线时，会出现高空凌日现象；12小时后，当月球尚未落下并再次穿过子午线时，会出现低空凌日现象。需要注意的是，90°纬度的曲线相当均匀，因为高空凌日和低空凌日现象大致相同。因此，当月球位于地球的夜侧约半个月时，它会在地平线以上并处于低空状态

很长一段时间。冬季所有纬度高于70°的地区都是如此：70°时，它会在地平线以上停留约6天，80°时停留约11天，90°时停留约14天（整个半月）。月球一直在低空波动。

就太阳而言，冬季在纬度约 66° 以上的地方，随着观察者纬度的增加，太阳位于地平线以下的时间会越来越长（极夜）。

6. Full moon as seen from high latitudes in winter (detail)

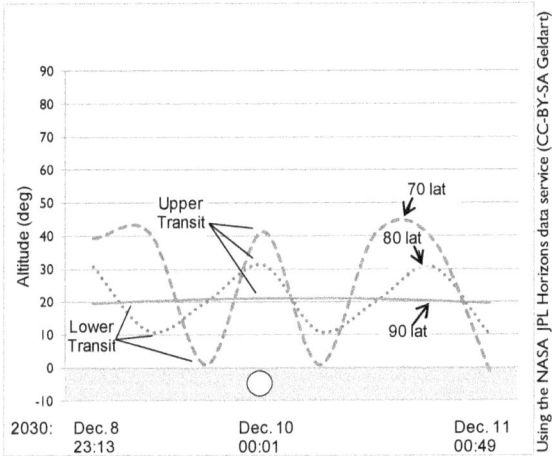

放大图5，图6详细显示了高纬度地区12月三天满月的高度。将其与冬季低纬度地区进行比较，那里的曲线更高（图2）。在这些高纬度地区，上行和下行凌日都在地平线以上。在90°的情况下，这条线非常平坦，因为两次凌日的高度大致相同（20°，21°）。

在高纬度地区，月亮过境观测者所在子午线的现象如下：高空月亮过境点位于赤道方向约180°方位角处；12小时后，当观测者位于地轴"另一侧"时，低空月亮过境点位于极地方向约0°方位角处。参见表2，其中详细列出了北纬70°、80°和90°（北半球）的月亮过境点。

表2注释

支持图表 6。

Az ‡ 在这些北极纬度地区，高纬度月相凌日的观测者向南看，方位角约为 180°。低纬度月相凌日则向北观测，方位角约为 0°，回望极点。Az ‡ 列中的数字并非全部正好是 0° 和 180°，这是由于 JPL Horizon 星历表中逐分钟计算的精确时间问题。

*** 在这些隆冬日期，月亮始终位于地平线以上（无日出或日落）。

在 90° 纬度（极点），两次月相凌日的高度大致相同（20°，21°）。

在月球轨道 18.6 年的进动周期内，高度值变化 5°。例如，2015 年月球小停滞时，"41"的 70° 上行凌日值将减少约 5°（30 多度），而 2043 年月球大停滞时，"41"的 70° 上行凌日值将增加约 5°（40 多度）。

Table 2. Data for upper and lower transits of the Moon
as seen from high latitudes in winter.
CC-BY-SA Geldart, based on data from the
U.S. Naval Observatory and NASA's JPL Horizons

Year: 2030

Latitude: N 70 °

Date	Rise Az.	Upper			Set Az.	Lower		
		Transit.	Alt.	Az ‡		Transit.	Alt.	Az ‡
	h m °	h m	°	°	° h m °	h m	°	°
Dec-08	***	23:07	41 South	182	***	10:43	1 North	1
Dec-09	***	23:55	41 South	181	***	11:31	1 North	1
Dec-10	***				***	12:20	1 North	0
Dec-11	***	00:44	41 South	182	***	13:08	0 North	0

Latitude: N 80 °

Date	Rise Az.	Upper			Set Az.	Lower		
		Transit.	Alt.	Az ‡		Transit.	Alt.	Az ‡
	h m °	h m	°	°		h m	°	°
Dec-08	***	23:07	31 South	182	***	10:43	10 North	0
Dec-09	***	23:55	31 South	181	***	11:31	11 North	1
Dec-10	***				***	12:20	11 North	0
Dec-11	***	00:44	31 South	182	***	13:08	10 North	1

Latitude: N 90 °

Date	Rise Az.	Upper			Set Az.	Lower		
		Transit.	Alt.	Az ‡		Transit.	Alt.	Az ‡
	h m °	h m	°	°		h m	°	°
Dec-08	***	23:07	21 South	181	***	10:43	20 North	2
Dec-09	***	23:55	21 South	180	***	11:31	21 North	1
Dec-10	***				***	12:20	21 North	2
Dec-11	***	00:44	21 South	180	***	13:08	20 North	1

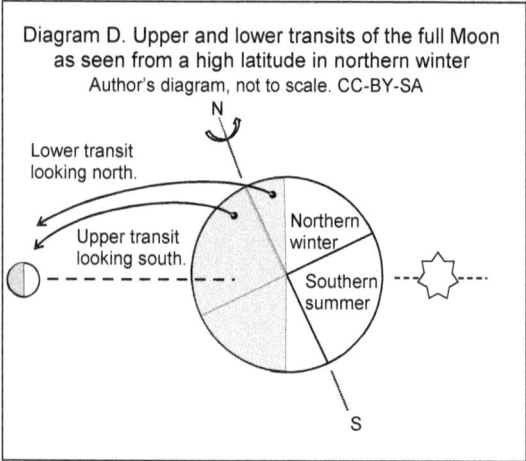

Diagram D. Upper and lower transits of the full Moon as seen from a high latitude in northern winter
Author's diagram, not to scale. CC-BY-SA

图D描绘的是位于北纬80°的加拿大阿勒特地区，某人看到的满月凌日景象。月上凌日发生在午夜左右，当时它正穿过观察者所在位置地平面上方约180°方位角的子午线（在北半球，向南看）。随着地球自转，大约12小时后，他/她到达"白天"的一侧（仍然处于黑暗中），并在北半球约0°方位角处看到月下凌日。

绕极地

在这段时间里，月亮位于夜晚的约14天里，在纬度约70°以上的地区，月亮一直在地平线上波动，并且处于拱极轨道：从纬度70°看，月亮在6天里处于拱极轨道；在纬度80°看，月亮在6天里处于拱极轨道；在纬度90°看，月亮在9天里处于拱极轨道，整整14天（半个月）。

在夏季高纬度地区，月亮和太阳都处于拱极轨道，并且它们不会长时间落下。在明亮的天空中，月亮有时可能会显得微弱。

在冬季高纬度地区，月亮处于拱极轨道，太阳位于地平线以下。

结论

月球的轨道仅取决于其时空环境，即其自身的质量和引力场，并与地球、太阳以及整个太阳系的质量和引力场相互交织。在图表中，月球的视高度呈现出一条形状恒定的起伏曲线，它随着阴历月而变化，并跨越数年，与我们的每日自转、月份、季节、太阳的至日和分日以及月相无关。然而，它在地平线上方的路径却夜夜变化。这是因为月球的轨道偏离黄道面约5°，因此它与地球赤道平面以北或以南的角度（即其赤纬）会随着阴历月的变化而变化。赤纬以及观测者的纬度可用于计算从任何给定位置观测到的月球高度。

有两个因素有助于理解月球的位置。首先，随着远离观测者月亮位于天顶的热带纬度，月亮在天空中的位置会逐渐降低。其次，由于地球的（固定）倾斜，冬季（太阳赤纬最小，月亮赤纬最大）的满月位置比夏季（太阳赤纬最大，月亮赤纬最小）更高。夏季的情况正好相反，太阳赤纬最大，月亮赤纬最小。

观测者应该能够理解月亮位置的原因，并想象其他纬度的人看到的景象。

Geldart